# LA
# NAVIGATION
## SOUS-MARINE

PAR

## A.-M. VILLON

PARIS

## B. TIGNOL, ÉDITEUR

Acquéreur des publications scientifiques, industrielles et agricoles de la Maison
E. LACROIX
53 bis, QUAI DES GRANDS-AUGUSTINS, 53 bis

LA

# NAVIGATION SOUS-MARINE

ÉMILE COLIN. — IMPRIMERIE DE LAGNY

BIBLIOTHÈQUE DES ACTUALITÉS INDUSTRIELLES — Nº 39

# LA
# NAVIGATION
## SOUS-MARINE

PAR

## A.-M. VILLON

PARIS

B. TIGNOL, ÉDITEUR

Acquéreur des publications scientifiques, industrielles et agricoles
de la Maison E. LACROIX

53 bis, QUAI DES GRANDS-AUGUSTINS, 53 bis

# LA NAVIGATION

## SOUS-MARINE

I

### BATEAUX SOUS-MARINS HISTORIQUES

L'idée de voyager sous les eaux de la mer n'est pas aussi récente qu'on serait tenté de le croire. Elle remonte même à une assez haute antiquité.

Roger Bacon nous apprend, d'après Ethicus, qu'Alexandre le Grand se hasarda dans une machine *avec laquelle on marchait sous l'eau, sans péril de son corps, ce qui permit à ce prince d'observer les secrets de la mer.*

Au milieu du seizième siècle les habitants de l'Ukraine se servaient de pirogues au moyen desquelles ils plongeaient comme le font encore de nos jours les Esquimaux.

A la fin de ce même siècle, William Bourne conçut un projet de bateau sous-marin, mais sans succès

Ce fut un médecin hollandais, Cornelius van Drebbel, qui réalisa le premier, en 1624, le hardi projet d'un bateau plongeur. Un jour qu'il se promenait sur la Tamise, Drebbel vit des marins qui traînaient derrière leur barque des paniers remplis de poissons ; il observa que les barques enfonçaient considérablement dans l'eau, mais qu'elles se relevaient un peu lorsque les paniers tendaient avec moins de force le cordage auquel ils étaient attachés. Cette observation lui fit penser qu'un navire pouvait être tenu dans l'eau par un moyen semblable et être mis en mouvement par des rames ou des perches. Quelque temps après, il fit construire deux petits navires de cette nature, mais de différentes grandeurs, qui étaient bien fermés avec du cuir gras. Dans un bateau, mis en mouvement par douze paires d'avirons, prirent place douze personnes, parmi lesquelles le roi Jacques I$^{er}$ ; Drebbel le fit évoluer sous les eaux de la Tamise, à Londres, à la grande satisfaction des assistants. Pour mieux masquer son invention, Drebbel disait qu'il avait composé une liqueur qu'il nommait *quintessence d'air*, dont il suffisait de répandre quelques gouttes pour donner aux personnes renfermées dans le bateau la faculté de respirer aussi agréablement que si elles fussent transportées sur la plus belle colline.

Cette invention n'eut pas de suite, car son auteur fut traité de fou, de suppôt du diable et mourut en emportant le secret de sa machine. L'abbé Hautefeuille nous dit dans sa *Manière de respirer sous l'eau* (1680) que le secret de Drebbel devait être un appareil composé d'un soufflet, deux soupapes et deux tuyaux aboutissant à la surface de l'eau, l'un apportant l'air et l'autre le renvoyant.

Plus tard, en 1634, le P. Marsenne, religieux de l'ordre des Minimes, exposa clairement sa théorie de la navigation sous-marine dans ses *Questions théologiques, physiques, morales et mathématiques*. Il donne un projet de bateau sous-marin en forme de poisson et en cuivre. Il était garni de *colombiades* (canons) placés en face de sabords, garnis d'une soupape pour empêcher l'introduction de l'eau. Lorsqu'on voulait tirer, les colombiades étaient amenées près des ouvertures, on soulevait la soupape et, le coup parti, celle-ci se refermait automatiquement par l'effet du recul. Ce bateau sous-marin n'a jamais été exécuté, car il était une conception de pure fantaisie.

Le P. Fournier s'occupa également, vers la même époque, de navigation sous-marine.

En 1653, un Français a lancé à Rotterdam un navire plongeur qui avait 72 pieds de longueur et dont la forme et les dispositions étaient semblables à celles du bateau de Drebbel.

Citons encore le *diving boat* de Day, qui ne put même pas affronter des essais sérieux, et le *navire en cuir* que fit construire un Anglais et dont parle la *Philosophia Britannica*, mais qui ne put jamais descendre sous l'eau.


### Bateau sous-marin de Bushnell.


En 1773, David Bushnell, ouvrier de l'État de Connecticut (Amérique), construisit son bateau tortue (*american turtle*) qui devait servir pendant la guerre de l'Indépendance.

Nous représentons (figure 1) la forme de ce *submarine boat*, comme on l'appelait encore.

Il se composait d'une boîte A A de la forme indi-
quée portant une tourelle B munie de regards avec
glaces épaisses par lesquels le conducteur pouvait
apercevoir l'extérieur lorsque le bateau n'était pas
complètement immergé. Cette tourelle se fermait

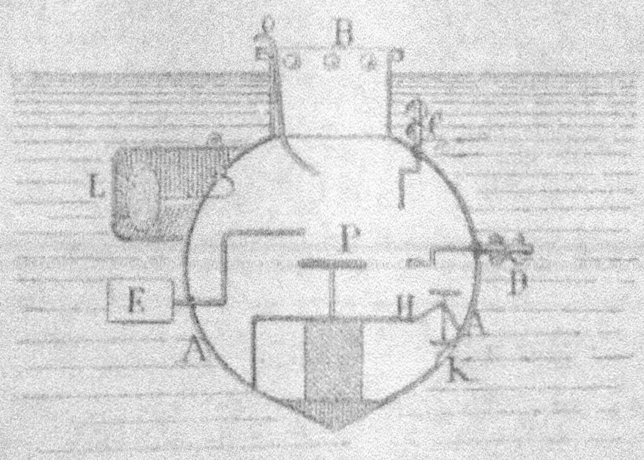

Fig. 1. — Bateau-tortue de Bushnell.

par un couvercle muni d'un joint étanche, qui faisait en même temps fonction de porte de sortie. Le
conducteur s'asseyait sur le siège P et posait un pied
sur la pédale H au moyen de laquelle il ouvrait une
ouverture X et laissait rentrer l'eau nécessaire à la
submersion complète du bateau. Une rame en spi-
rale C, placée verticalement, servait à régler la profondeur et à faire monter et descendre la boîte : une

autre rame de même forme D, servait à donner l'impulsion horizontalement. Le gouvernail E réglait la marche dans le sens horizontal.

Pour remonter complétement, on coupait un fil de fer qui retenait des poids en plomb fixés sous la carène.

Sur la poupe se trouvait une caisse L contenant 150 livres de poudre destinée à être fixée sous la carène d'un vaisseau et le faire sauter.

Au mois d'août 1776, Bushnell expliqua le fonctionnement de sa machine au général américain Parsons et lui demanda trois hommes pour le pousser contre les navires anglais ancrés au nord de l'île de Staten. Le sergent d'infanterie Ezra Lee, après avoir pris connaissance de l'engin, en fit l'essai une nuit où la mer était tranquille. Il pénétra dans la boîte, plongea sous l'eau, et se fit remorquer par deux canots près de la flotte anglaise. Là, il manœuvra pour descendre sous le navire et réussit très bien, mais ne put loger le caisson de matières explosives entre les planches de la coque qui était blindée de cuivre. Le jour venu, il fut aperçu au moment où il revenait à la surface, et n'eut que le temps de regagner les lignes américaines au milieu d'une pluie de balles.

La navigation sous-marine était donc bien trouvée, car, si la tortue américaine ne réussit pas, ce n'était pas par un défaut de l'appareil.

## Le « **Nautilus** » de Fulton.

Fulton, l'inventeur des bateaux à vapeur, s'occupa dès l'année 1797 de navigation sous-marine et reprit les essais de Bushnell. Comme les fonds lui manquaient pour mettre ses projets à exécution, il s'adressa au Directoire qui repoussa sa demande, le ministre de la guerre ayant jugé ses plans impraticables. Il exécuta un modèle de son bateau plongeur et se présenta de nouveau au Directoire qui nomma cette fois une commission pour examiner son appareil. Le rapport de cette commission fut favorable. Mais, après un long délai, le ministre de la marine fit savoir à Fulton que son projet était définitivement rejeté.

Auprès du gouvernement hollandais il n'eut pas plus de succès.

Trois années plus tard, il s'adressa à Bonaparte, alors premier Consul. Celui-ci lui accorda les fonds nécessaires pour continuer ses expériences d'attaque sub-marine et nomma une commission composée de Volney, Monge et Laplace. Des essais eurent lieu à Rouen et au Havre, mais ne répondirent pas aux promesses de l'inventeur.

Fulton fut plus heureux à Brest, pendant l'été de 1801. Il s'enfonça un jour jusqu'à 80 mètres sous l'eau, y resta 20 minutes, et revint à la surface à une grande distance du point de départ. Le 17 août 1801, il parcourut cinq lieues sous l'eau pendant cinq heures.

Fulton donna à son bateau plongeur le nom de *Nautilus*. Ce sous-marin était destiné à porter des *torpédos* ou *torpilles*, engins de destruction qui ont donné l'idée de nos torpilles actuelles.

A la fin de 1801, Bonaparte abandonna Fulton et son invention. La question en resta là.

On ne sait rien sur les dispositions du bateau sous-marin de Fulton, ce dernier n'ayant laissé aucun plan et aucun écrit sinon son *Essai de navigation sous-marine.*

Près de sa mort, en 1815, Fulton inventa sa *mute divingboat* destinée à surveiller la nuit les côtes et les rades. C'était un bateau de 80 pieds de longueur, 14 pieds de profondeur, 2 pieds de largeur et 1 pied d'épaisseur de muraille. Il contenait 100 hommes et naviguait sur l'eau, mais pouvait s'enfoncer à une profondeur de cinq à six pieds. Il était manœuvré par des roues à aubes qui ne produisaient aucun bruit lorsque le bateau était submergé; d'où le nom de *mute* qui lui a été donné.

### Le « Nautile » des frères Coëssin.

Après Fulton, Brizé-Fradin, d'Aubusson de la Feuillade, et enfin les frères Coëssin s'occupèrent de navigation sous-marine.

Ces derniers construisirent le *Nautile*, ressemblant beaucoup à la tortue américaine de Bushnell. Il mesurait 8 mètres et demi et pouvait contenir un équipage de 9 hommes. Il se manœuvrait au moyen de rames, ce qui était une grande imperfection. Pour envoyer l'air nécessaire à la respiration des manœuvriers, deux tuyaux de cuir, soutenus à la surface par un flotteur de liège, mettaient l'intérieur du bateau en communication avec l'air du dehors; malgré cela la respiration devenait difficile au bout de quelque temps.

La vitesse du *Nautile* était d'une demi-lieue à l'heure.

Napoléon I<sup>er</sup> donna l'ordre d'essayer ce sous-marin au Havre. Une commission, composée de Monge, Biot, Sané et Carnot, nommée par l'Institut pour apprécier l'invention des frères Coëssin, donna un rapport favorable, malgré les nombreux défauts de l'appareil : « Cependant, il faut distinguer de pareilles inventions, dans lesquelles l'expérience a prouvé que les plus grandes difficultés ont été prévues, de celles qui ne sont souvent que des projets informes, et dont l'épreuve pourrait être très périlleuse. Il n'y a plus de doute maintenant qu'on ne puisse établir une navigation sous-marine très expéditivement et à peu de frais, et nous croyons que MM. Coëssin ont établi ce fait par des expériences certaines. »

Mais le *Nautile* ne rencontra pas d'écho et tomba dans l'oubli.


### L' « Invisible » de Montgery.


Nous plaçons ici le navire plongeur l'*Invisible*, qui ne fut qu'un simple projet élaboré par M. de Montgery, en 1825, et qui n'a jamais été exécuté.

Ce bateau mesure 86 pieds de long, 23 pieds de

large et 14 pieds de profondeur. La partie supérieure est à peu près semblable à la carène, mais plus aplatie, pour faciliter les manœuvres hors de l'eau. Elle est percée de deux écoutilles pour laisser passer les hommes de service et garnies de verres lenticulaires pour éclairer l'entrepont. Le beaupré rentre à volonté dans le navire. Lorsqu'on veut plonger on loge tout le gréement dans une rainure pratiquée au milieu du tillac.

L'intérieur est divisé en deux parties par un plancher horizontal ; la partie inférieure est subdivisée en compartiments qui servent à loger soit les munitions, soit le volume d'eau nécessaire pour la submersion. Pour plonger on ouvre des robinets qui laissent entrer l'eau dans des compartiments appropriés ; pour émerger, une pompe rejette cette eau au dehors.

Le mouvement est donné à l'*Invisible* au moyen d'une roue logée dans la poupe, et de pales fonctionnant sur chacun des flancs.

### Hydrostat de Payerne.

En 1844, Payerne et Lamiral essayèrent leur bateau sous-marin sur la Seine. Il se compose, comme le montre la figure 2, d'une coque ovoïde en tôle assemblée et solidement rivée. Des lentilles de verre, placées au milieu de la paroi, y laissent pénétrer un jour abondant. Il est divisé en plusieurs chambres ou compartiments : A, chambre de l'avant ; B, chambre de travail ; C, chambre de l'équipage ; D, chambre des machines ; HP, chambre intermédiaire. La plus vaste est la chambre de travail qui se trouve au milieu ; elle est munie d'un plancher mobile qu'on relève au moment où l'on veut établir le contact entre l'eau ou le sol du fond et l'intérieur du bateau. Celui-ci, avant le départ, est rempli d'air comprimé à une pression déterminée par la profondeur à laquelle on se propose de descendre ; puis, en ouvrant des robinets, on laisse pénétrer dans des compartiments spéciaux, une quantité d'eau telle que la densité du bateau soit un peu supérieure à celle du volume d'eau qu'il déplace : il gagne alors le fond.

Dans cet état, le bateau ayant une densité égale à celle de l'eau, grâce à la quantité d'eau qu'il renferme, il s'y trouve à peu près en équilibre ; et il suffit soit d'ajouter un peu d'eau, soit d'en enlever,

Fig. 2. — Hydrostat de Payerne.

pour que le bateau s'enfonce ou s'élève avec la plus grande facilité.

Payerne avait pourvu son bateau d'une hélice et d'une machine à vapeur pour lui donner le mouvement, mais il a dû renoncer à s'en servir, par l'impossibilité d'établir un courant d'air sous le foyer lorsque le bateau est immergé. Toutes les tentatives faites par Payerne pour obtenir ce résultat sont restées infructueuses. Nous verrons que ce problème a été résolu de nos jours par l'emploi des accumulateurs électriques.

L'appareil du docteur Payerne fut réduit à l'état de simple cloche à plongeur et comme tel il a rendu quelques services. Le bateau arrivé au fond de l'eau, l'équipage dévissait le plancher mobile du compartiment du milieu et travaillait comme dans une cloche à plongeur. Lorsque, au bout de quelques heures, l'air se trouvait vicié, il suffisait de le faire passer d'un compartiment dans l'autre en lui faisant traverser une solution de potasse caustique ou un lait de chaux.

En 1847, l'hydrostat de Payerne a été employé pour débarrasser un chenal d'une roche granitique très dure qui s'opposait au lancement du *Valmy*. Plus tard, on l'a employé à Paris pour enlever la pile du pont au Double et à débarrasser le lit du fleuve de pilotis qui gênaient la navigation. En 1857, à Cherbourg, dans la passe de Chantereine, il a servi à extraire de grandes quantités de roches. Enfin, il a été mis en usage dans le port de Fécamp pour sortir les galets qui empêchaient l'entrée des navires d'un fort tonnage.

## Mortier flottant de Nasmyth.

En 1853, un anglais, James Nasmyth, imaginait son *mortier flottant* destiné à porter dans les flancs des navires ennemis une bombe dont l'explosion les ferait infailliblement couler.

Fig. 3. — *Mortier-flottant de Nasmyth.*

C'était un petit vapeur à hélice que nous représentons en coupe dans la figure 3. Il ne s'enfonçait dans l'eau que jusqu'au niveau de sa cheminée; il n'était donc pas entièrement submersible. Il mesurait 70 pieds anglais de longueur et sa coque en bois de peuplier, de 10 pieds d'épaisseur, n'était pas cuirassée. L'équipage qui le montait se composait de 4 hommes.

Une hélice, mue par une machine à vapeur, lui donnait une vitesse de huit milles à l'heure.

En avant, il portait un mortier A dans lequel on logeait une bombe B. Le mortier se lançait à toute vitesse contre les flancs du navire ; le choc faisait éclater la bombe par le moyen d'une capsule percutante disposée convenablement.

Ce *mortier flottant* n'a guère servi, car à chaque explosion il était obligé de regagner la côte pour recharger à nouveau, ce qui occasionnait une grande perte de temps et devenait dangereux pour l'équipage qui risquait alors d'être aperçu. Il aurait rendu d'incontestables services, si l'on avait trouvé moyen d'avoir à bord des bombes de rechange.


## L' « Ictineo. »


En 1862, M. Narciso Monturiol expérimenta à Barcelone son bateau sous-marin l'*Ictineo*. Il avait la forme d'un poisson et contenait dix hommes d'équipage. Il manœuvrait à dix ou douze mètres sous l'eau avec la plus grande facilité. Il pouvait rester submergé pendant cinq heures ; un appareil produisait la quantité d'oxygène nécessaire pour l'entretien de la respiration des personnes qui le montaient.

L'*Ictíneo* était armé de canons qui pouvaient tirer de bas en haut contre la partie vulnérable des navires blindés, et d'une tarière mue par la vapeur et propre à percer la coque de ces mêmes navires.

Ce bateau fut expérimenté cinquante-cinq fois avec un grand succès, ce qui détermina le gouvernement espagnol à en commander un beaucoup plus grand à l'inventeur, mais qui ne servit à rien.

### Bateau-cigare de M. Villeroi.

En 1862, un ingénieur français, M. Villeroi (de Nantes), construisit à Philadelphie un modèle de bateau-plongeur qui eut un grand retentissement, car c'était l'une des tentatives les mieux conçues dans le domaine de la navigation sous-marine. Ce bateau a été nommé *bateau-cigare* parce qu'il affecte la forme d'un cigare, comme on peut s'en rendre compte par l'inspection de la figure 4.

C'est un long cylindre en tôle de forme ovoïde

terminé par deux cônes, de 11 mètres 50 de long sur 1 mètre 10 de diamètre. Le mouvement de propulsion était donné par une hélice de 1 mètre de diamètre actionnée par un mécanisme basé sur le principe du tourne-broche et manœuvré à la main. Cette disposition permettait de fermer hermétiquement le bateau, qui ne possédait qu'une écoutille permettant d'y entrer et d'en sortir. Il était éclairé par un grand nombre de fenêtres circulaires.

Pour submerger le bateau, on introduisait de l'eau, au moyen d'une pompe, dans un certain nombre de tuyaux en gutta-percha logés dans l'intérieur ; pour émerger, monter ou naviguer à la surface on vidait l'eau contenue dans ces tuyaux au moyen de robinets disposés à cet effet.

Avant d'être proposé en Amérique, le bateau-cigare de M. Villeroi avait été essayé à Noirmoutiers. Voici comment le *Navigateur* a rendu compte de cette expérience. « A 4 heures, la mer étant dans son plein, M. Villeroi est entré dans sa machine et l'a poussée au large. Le bateau à vapeur sous-marin a d'abord couru à fleur d'eau pendant une demi-heure, ensuite il a plongé dans quinze ou dix-huit pieds d'eau, où il a enlevé du fond des

cailloux et a recueilli quelques coquillages. Il a
couru ensuite en divers sens pendant cette submersion, pour tromper une partie des canots qui
l'avaient entouré depuis le commencement de
l'expérience. M. Villeroi, remontant ensuite, a
reparu à quelque distance, se dirigeant à fleur
d'eau dans différentes directions, et après cette
navigation, qui a duré en totalité cinq quarts
d'heure, il a ouvert son panneau et s'est montré au
public, qui l'a accueilli d'un vif intérêt et de ses
suffrages. »

Cependant, malgré sa supériorité de construction et de disposition sur ses devanciers, le bateau-
cigare de M. Villeroi ne fut pas ou peu employé.
Par contre il fut le point de départ d'un grand
nombre de constructions du même genre, en Amérique, pendant la guerre de sécession.

Le Gouvernement des États-Unis commanda à
un ingénieur Français un bateau-plongeur porte-
torpille pour faire sauter à Norfolk le célèbre
confédéré Merrimac. C'était une espèce de navire en
fer, affectant la forme d'un cigare de 35 pieds de
long sur 6 de diamètre. Il était muni sur toute sa
longueur d'un compartiment pour recevoir l'eau
de submersion ; cette eau s'expulsait par deux

pompes lorsqu'on voulait le faire émerger. Il était monté par seize hommes et sa propulsion s'obtenait au moyen de huit paires d'avirons fonctionnant symétriquement à bâbord et à tribord. Le bateau était éclairé intérieurement au moyen d'une fenêtre munie d'un verre épais.

Pour assurer la respiration : un appareil produisait de l'oxygène et un autre faisait barboter l'air dans un lait de chaux afin de lui enlever son acide carbonique.

Nous citerons dans le même ordre d'idées les *Davids*, bateaux sous-marins destinés à combattre les *Goliaths* ou navires cuirassés. En 1863, les Confédérés possédaient un petit bateau sous-marin analogue au *Nautile* des frères Coëssin et, malgré l'imperfection de cet engin incertain, ils tentèrent la destruction de l'*Hoosatonic*, navire amiral de l'escadre qui bloquait Charleston. Ayant placé une torpille à l'avant du bateau, son commandant, profitant de la nuit, se dirigea entre deux eaux sur l'escadre fédérale, l'atteignit facilement, fixa la torpille sous le navire et la fit éclater : l'arrière de l'*Hoosatonic* sauta et le bâtiment tout entier coula dans les flots.

La *Newera* était un bateau-torpille qui ne se submergeait pas complètement, car une partie du bordage et la cheminée restaient visibles. Il mesurait 75 pieds de long, 20 de large et 7 de profondeur Un grand inconvénient de ce bateau était le bruit que faisait sa machine et sa non complète immersion.

Citons encore le *Bateau-Torpille* construit en Amérique par les Confédérés pour faire sauter les bâtiments fédéraux. Il avait la forme d'un poisson et mesurait 12 mètres de long sur 2 de large. Sa coque était recouverte d'une cuirasse de fer d'un quart de pouce d'épaisseur, qui le fermait hermétiquement. Il était pourvu d'une cheminée et d'une guérite en verre très épais pour le pilote et le timonnier. Sa propulsion était obtenue au moyen d'une hélice actionnée par une machine à vapeur placée au centre du bateau. Ce bateau-torpille ne servit pas, car sa chaudière ayant éclaté en tuant trois hommes de l'équipage, il s'engloutit dans les flots.

### Bateau sous-marin de M. Alstitt.

Le bateau sous-marin construit en 1863 à Mobile
(Etats-Unis), par M. Alstitt, avait 21 mètres de longueur et était disposé comme le représente la fig. 5,
qui en est une coupe suivant la longueur. Il était
divisé horizontalement dans toute sa longueur par
un fort plancher de tôle. La chambre E renferme
la machine à vapeur et deux machines électriques
destinées à faire mouvoir l'hélice H ; la chambre D
sert pour loger l'équipage. Un certain nombre de
compartiments étanches $b\,b\,b$ renferment de l'air
comprimé.

La partie inférieure du bateau contient les soutes
à charbon C C, les vivres et de nombreux réservoirs
$a\,a\,a$ destinés à recevoir, selon les cas, de l'eau ou de
l'air.

Sur le pont ne saillit que la guérite d'observation F recouverte d'une forte glace, et la cheminée G que l'on fermait avec une calotte lorsque
le bateau devait plonger sous l'eau.

Pour plonger, les bastingages du pont étaient

Fig. 4. — Bateau-cigare de M. Villeroi.

Fig. 5. — Bateau sous-marin de M. Alstitt.

Fig. 6. — Le *Plongeur*, de M. Bourgeois.

rabattus, les tuyaux de navigation bouchés, les réservoirs *a a* remplis d'eau, les feux éteints et l'hélice mise en mouvement par les machines électriques.

Pour régler la profondeur de submersion, on se servait du gouvernail placé à l'avant du bateau. En le maintenant parallèle à l'axe de l'hélice, le bateau ne montait ni ne descendait ; si on l'élevait, il montait, si on l'abaissait, il plongeait. Pour devenir invisible, il suffisait de se maintenir à un mètre de la surface de l'eau. À cette distance la sentinelle placée dans la guérite vitrée recevait assez de lumière pour surveiller les opérations de l'ennemi et donner ses indications.

Lorsqu'on voulait flotter, on vidait les réservoirs *a a*, on faisait manœuvrer l'hélice par la machine à vapeur, et on se servait du gouvernail placé à l'arrière du bateau.

Ce plongeur était chargé de caisses de fer hermétiquement closes et renfermant de la poudre. Ces caisses étaient accouplées au moyen de chaînes et portées sous le navire à détruire, puis abandonnées à elles-mêmes : elles remontaient par leur propre poids et venaient s'appliquer contre les flancs du navire. Pendant ce temps le bateau plongeur s'éloi-

gnait et, au moyen d'un fil électrique, faisait éclater
la charge au moment propice.


### Le « Plongeur » de M. Bourgeois.


Nous en donnons la description d'après M. Léon
Renard.

» Si le problème n'a pas été résolu avec ce bateau, on peut affirmer que, de tous ceux qui ont été
imaginés, c'est celui qui a touché de plus près la
vérité. Et d'abord le principe sur lequel il repose
est tout nouveau ; son moteur est l'air comprimé.
Les dimensions fixées par M. Bourgeois, de concert
avec le constructeur du bateau, M. Brun, ingénieur
de la marine, sont de 44 mètres. Il a la forme d'un
cigare (1) qui serait aplati sur le tiers de sa cir-

(1) Cette forme nouvelle est appelée, croyons-nous, à un grand
avenir, par suite de la stabilité qu'elle donne sur l'eau.

En passant à la remorque de la *Vigie*, devant le canal qui sépare
l'île de Ré de celle d'Oléron, nous disait un officier témoin des expériences du *Plongeur*, la mer était creuse et le remorqueur roulait
de manière à ne pas permettre de marcher sans appui sur le pont.
Le *Plongeur*, au contraire, dont les compartiments étaient vides, et
qui, par suite, s'élevait d'un pied au-dessus de l'eau, ne bougeait pas,
la lame passait par-dessus, et l'équipage se promenait dans l'intérieur comme en terre ferme.

conférence. Son arrière est évidé de manière à contenir une hélice, un gouvernail vertical et deux gouvernails horizontaux, qui servent, suivant l'inclinaison qu'on leur donne, à faciliter l'immersion du bateau ou son retour à la surface. Intérieurement, on remarque une cursive courant de l'avant à l'arrière et divisant ainsi le bateau en deux parties qui renferment, la première, une machine à air comprimé de 80 chevaux ; la seconde de vastes réservoirs en forme de tubes dans lesquels s'emmagasine cet air qui est comprimé à 12 atmosphères. Immédiatement au-dessous de ces compartiments, on en a placé d'autres chargés de recevoir de l'eau qui sert de lest au bateau et aide à son immersion. Pour chasser cette eau et rendre au bâtiment sa légèreté, il suffit de mettre ces tubes en communication avec ceux qui contiennent de l'air comprimé. Ajoutons que le *Plongeur* est doué en outre d'un mécanisme particulier à l'aide duquel sa carapace supérieure peut se détacher et du même coup se transformer en un canot de sauvetage pour l'équipage, lequel est de douze hommes.

» Lancé en mai 1863, ce bâtiment devint aussitôt l'objet d'une série d'expériences sur la Charente,

dans le bassin de Rochefort et en pleine mer, sous
la direction de MM. Bourgeois et Brun. Ces expériences ont permis de constater que la construction
du navire ne laissait rien à désirer et que tout avait
été prévu. Restait la question de stabilité, d'équilibre entre deux eaux. Celle-ci n'a malheureusement pas donné les résultats qu'on espérait, et
M. Bourgeois a dû reprendre ses études dans ce
sens.

» Deux faits d'une haute importance restent en
tous cas acquis à la pratique : la possibilité de l'emploi de l'air comprimé comme moteur, et celle de
faire vivre sans inconvénient douze hommes sous
l'eau pendant un espace de temps suffisamment
considérable. Le reste sera trouvé plus tard, et, dès
aujourd'hui, on doit savoir gré à M. Bourgeois
d'avoir ramené d'un seul coup les esprits qui s'éga-
raient et de leur avoir montré le seul chemin où
ils aient désormais quelque chance de réussite.
Tel quel, le *Plongeur*, comme le remarquait très
justement le *Moniteur de la Flotte*, offrirait à un
petit nombre d'hommes intelligents et résolus les
moyens d'attaquer avec succès les bâtiments d'une
grande puissance et d'une grande valeur, et de
renouveler ainsi les exploits de ces audacieux cons-

tructeurs de brûlots qui, au siècle dernier, ont illustré la marine française. »

Le *Plongeur* avait, avons-nous dit, 44 mètres 50 de longueur, 3 mètres 60 de hauteur et 2 mètres 80 de tirant d'eau à flottaison ; il dépassait l'eau de 80 centimètres. Il portait à l'avant un éperon en forme de tube conique qui renfermait une cartouche capable de contenir de la poudre ou une bombe incendiaire. Il jaugeait 450 tonneaux.

Son manque de stabilité lorsqu'il flotte entre deux eaux l'a fait abandonner.

En 1864, un Américain, M. Winam, a lancé sur la Tamise un bateau sous-marin analogue au *Plongeur* de M. Bourgeois, et qui avait 72 mètres de longueur. A chaque extrémité il portait une hélice : celle de l'arrière, pour refouler l'eau ; celle de l'avant, pour l'attirer et devenir immobile. Son inventeur assurait, nous dit M. Léon Renard, qu'il se comportait très bien à la mer, soit que la vague déferle sur sa carapace comme sur celle d'une baleine, soit qu'il saute dessus comme un marsouin. Mais ce bâtiment eut le même sort que le *Plongeur*.

Le *Nautile*, de M. Samuel Hallet, de New-York, qui figura à l'Exposition universelle de 1867, n'était que l'hydrostat de Payerne un peu modifié.

Citons l'*Intelligent-Wheale* (baleine intelligente) construite en 1872, à Brooklyn (New-York), par M. Halstead. Ce bateau sous-marin mesurait 9 mètres de longueur et contenait un équipage de treize hommes qui pouvaient rester dix heures sous l'eau sans aucun inconvénient. Par les défauts inhérents à sa construction, la baleine intelligente n'eut pas de succès.

Le *Submarineboat* de Holland, lancée en février 1875 à Peterson (New-Jersey), eut le même sort. C'était une espèce de périssoire hermétiquement close, recevant un homme qui actionnait le bateau au moyen de ses deux pieds appliqués sur des pédales analogues à celles des vélocipèdes ; le mouvement était transmis à l'hélice, placée à l'arrière du bateau, au moyen d'un mécanisme approprié.

### Bateau sous-marin de Nordenfeldt.

M. Nordenfeldt, ingénieur danois, inventeur des mitrailleuses à tir rapide, a construit un bateau sous-marin analogue comme forme au *Plongeur* de M. Bourgeois, mais présentant les dispositions particulières suivantes :

Il est mu à la vapeur. Quand le bateau plonge, on éteint les feux, et on utilise pour la marche la vapeur emmagasinée dans de l'eau surchauffée comme dans les locomotives sans foyer de MM. Lamm et L. Francq. La montée ou la descente se fait par le jeu de deux hélices qui, suivant le sens de leur rotation, font monter ou descendre le navire.

L'équipage est composé de quatre hommes qui peuvent rester sept heures sous l'eau.

Les essais de ce bateau ont été faits, en 1886, à Salamine (Grèce), tranquillement et en secret.

Le premier jour il fut submergé plusieurs fois, tournait à droite et à gauche sur et sous l'eau, et a fait plusieurs évolutions pour démontrer la manière facile par laquelle il peut être dirigé.

Le second jour, la commission, voulant savoir la quantité d'air contenue dans le bateau, a ordonné que quatre personnes descendraient dedans ; après quoi il fut fermé hermétiquement, de midi à six heures du soir, heure à laquelle les prisonniers furent mis en liberté, sans avoir souffert le moins du monde.

La commission, plus tard, a voulu s'assurer de la profondeur à laquelle le bateau pouvait descendre.

Une ficelle était attachée au bateau au bout de laquelle il y avait un morceau de bois qui flottait sur l'eau. La longueur de cette ficelle était de 30 pieds, et quand le bateau fut submergé, le bois l'a suivi, ce qui prouverait que le bateau avait dépassé la profondeur de trente pieds.

Le quatrième jour, le bateau a parcouru une distance de 10 milles anglais, rien que par la chaleur contenue dans les réservoirs : il était fermé hermétiquement et partiellement submergé, et n'avait pas de feu aux chaudières.

Enfin, le dernier essai était l'essai de la vitesse. Selon le contrat, le bateau devait filer 8 milles et demi, à l'heure, ce qu'il a fait avec une grande facilité et à la satisfaction de la commission.

Disons encore que ce sous-marin a fait un voyage de 150 milles, de Stockholm à Gattemburg, dans le Cattégat, tantôt à fleur d'eau, tantôt submergé.

## Le « Neptune. »

Le *Neptune* est un observatoire sous-marin, construit sur les plans de l'ingénieur Toselli, pour l'exposition de Nice en 1884.

Il était formé d'un grand cylindre de 3 mètres de diamètre et de 10 mètres de hauteur, terminé à sa partie supérieure par une calotte sphérique. Sa paroi était composée de deux enveloppes en tôle d'acier de 12 millimètres d'épaisseur, collées l'une contre l'autre. L'intérieur était divisé, suivant la hauteur, en trois compartiments séparés par des disques reposant sur des cornières et reliés entre eux par des colonnes et des montants. Le disque supérieur portait un col dans lequel se trouvait l'escalier d'accès intérieur, et était lui-même surmonté d'un balcon, logé dans la calotte dont nous avons parlé.

La première chambre (à partir du haut) était la chambre des mécaniciens, dans laquelle se trouvaient toutes les machines destinées à la manœuvre de l'observatoire : 1° des réservoirs d'air comprimé à 30 ou 40 atmosphères pour fournir de l'air respirable au personnel et aux visiteurs; pour chasser l'eau de lest ; pour la manœuvre de la pompe levant le couvercle qui obstruait l'entrée du col ; 2° des appareils télégraphiques et téléphoniques pour communiquer avec le dehors; des indicateurs de pression, des thermomètres, etc., etc. Les parois de cette chambre étaient percées de six ouvertures munies de lentilles pour permettre de diriger convenablement l'observatoire.

La seconde chambre, au-dessous de la première, était un salon capitonné avec 14 sièges situés au-dessous d'autant de hublots garnis d'une forte glace de verre, par lesquels les voyageurs pouvaient admirer la faune sous-marine. En outre, au fond de l'appareil et au centre, se trouvait une grosse lentille, de 60 centimètres de diamètre, permettant d'examiner les profondeurs de la mer et les richesses de sa flore.

La troisième et dernière chambre était celle du lest et de la lumière. Cinq lampes électriques à incandescence se trouvaient distribuées autour de l'explorateur sous-marin et éclairaient le fond et la masse de l'eau pendant les observations.

Le poids total de l'appareil, avec les voyageurs et le personnel, était de 46,000 kil., et son volume, jusqu'au col, de 46 mètres cubes. Le col avait un volume de 2 mètres cubes. Dans cet état, le *Neptune* ne plongeait que jusqu'à la moitié du col. Pour obtenir l'immersion complète, il fallait un poids de 1,000 kilogrammes que l'on obtenait en introduisant 1,000 litres d'eau dans la troisième chambre.

La résistance des parois de l'appareil lui permettait de s'enfoncer jusqu'à 200 ou 250 mètres de profondeur.

Pour remonter, il suffisait de chasser l'eau de lest au moyen de l'air comprimé. En outre, l'observatoire portait sur les côtés des poids de plomb retenus dans des gaînes, que l'on pouvait détacher ou couper de l'intérieur, en cas d'accident, de façon à remonter rapidement.

Quoique cet appareil ne soit pas un bateau sous-marin, nous avons cru devoir le citer pour les bonnes dispositions qu'il comporte.

### Bateau sous-marin de Waddington.

Ce nouveau bateau a été lancé en mai 1886 à Seacombe, près de Liverpool. Il mesure 11 mètres de longueur sur 1 mètre 80 de diamètre et possède la forme d'un cigare. Son propulseur est une hélice ordinaire actionnée par un moteur électrique alimenté par une batterie de 50 accumulateurs qui suffit pour dix heures de marche à la surface ou au fond.

Il est éclairé par l'électricité.

Il navigue toujours dans le sens horizontal et son mouvement de montée ou de descente lui est donné au moyen de deux plans situés extérieurement et qu'une manœuvre effectuée à l'intérieur permet d'incliner sous des angles variables; suivant l'inclination de ces plans, le bateau monte ou descend plus ou moins vite. On le leste au moyen de l'eau que l'on loge dans des compartiments spéciaux et qu'on expulse, lorsque cela devient nécessaire, au moyen d'une pompe mue par l'électricité.

Un gouvernail placé à l'arrière lui donne la direction dans le sens horizontal.

Ce bateau est monté par deux hommes. Des réservoirs d'air comprimé leur assurent une provision d'air suffisante pour la respiration.

Le *Peacemaker* (celui qui fait la paix) est un bateau-torpilleur électrique sous-marin construit en Amérique et qui a été essayé dans le port de New-York en 1886.

Le bateau sous-marin de Waddington est celui dont les dispositions et la construction ont été le mieux comprises de toute la série des sous-marins que nous venons de donner, afin de bien montrer par quelle succession de dispositions, de perfectionnements et d'inventions il a fallu passer pour arriver aux bateaux sous-marins modernes, qui sont la quintessence des essais ci-dessus.

Le *Nautilus*, le *Gymnote*, le *Peral* et le *Goubet* — ce dernier surtout — sont sortis du domaine de la théorie et des expériences, et vont jouer un rôle important dans la prochaine guerre maritime.

Nous allons décrire ces redoutables appareils, ainsi que les essais concluants qui les ont fait placer parmi les plus terribles engins de guerre.

## II



### Le « Nautilus. »

Le *Nautilus* inventé par Fulton, illustré et popu-
larisé par Jules Verne, il y a vingt ans, dans un
roman : *Vingt mille lieues sous les mers*, vient d'être
repris et considérablement perfectionné en Angle-
terre.

Voyons d'abord ce que c'est que le *Nautilus* qui
a donné son nom à ces bateaux sous-marins. C'est
un mollusque de la classe des céphalopodes, genre
des argonautes. Il est constitué par une coquille
mince, cannelée avec symétrie, figurant une chaloupe. Sur la mer calme, l'animal s'en sert comme
d'une embarcation : six tentatules fonctionnent

comme des avirons; les deux autres se lèvent en l'air, s'enflent au vent et servent de voile. Mais, si un danger le menace, il rentre dans sa coquille et tombe au fond de l'eau.

Le *Nautilus* a été construit, sur les plans de M. Andrew Camphell, par MM. Edward Wolseley, Lyon, Fletcher et Frarnall. C'est une embarcation en forme de cigare, longue de vingt mètres, large de deux à trois, et haute de trois à quatre de la quille au sommet de la tourelle. Deux hélices et deux gouvernails mettent le bateau en mouvement et servent à diriger l'immersion et l'ascension.

Les hélices sont mues par l'électricité emmagasinée dans des accumulateurs, en quantité suffisante pour un parcours de 80 milles marins, à la vitesse de 8 à 10 nœuds à l'heure, soit pour une submersion de 8 à 10 heures. Même quand il flotte à la surface, le *Nautilus* ne laisse apercevoir qu'une partie de sa longueur, 6 à 7 mètres environ, surmontée de sa tourelle de 70 centimètres de hauteur. Cette tourelle est munie d'oculaires fermés par de fortes glaces, ainsi que d'un trou d'homme par où s'introduit l'équipage. A deux cents pas, on le prendrait pour un canot ordinaire monté par un seul homme que figure la tourelle.

Le *Nautilus* est divisé en trois compartiments étanches. Il emporte assez d'air pour servir pendant une heure et demie aux besoins de neuf personnes, sans compter une provision supplémentaire d'air comprimé contenu dans un réservoir spécial. Il est muni d'une chambre de sortie placée au flanc du bateau, permettant à un plongeur revêtu de son scaphandre de se porter au dehors pour aller, soit poser une torpille au fond de la mer, soit la fixer à la quille d'un cuirassé.

Le mouvement d'immersion s'accomplit par un mécanisme des plus simples, emprunté à l'anatomie du poisson. Deux gros cylindres, qui forment aux flancs du bateau deux espèces de vessies natatoires, rentrent dans la coque par l'action de deux roues dentées, et aussitôt, le volume de l'ensemble étant réduit, le *Nautilus* descend. Pour remonter, il lui suffit de faire sortir les cylindres. A titre de précaution, des caisses à eau, qu'on pourrait vider au besoin, ont été aménagées sur la quille; en cas d'avarie aux cylindres, il serait donc encore possible de remonter.

Les expériences que l'Amirauté britannique a fait exécuter récemment dans le dock de Tilbury, paraissent avoir été de tout point concluantes : les

mouvements d'immersion, d'ascension et de pro-
gression se sont opérés aisément, sans secousses
et sans trépidation.


## Le « Gymnote. »


Le gymnote est un poisson électrique qui habite
les rivières de l'Amérique du Nord. Il a donné son
nom à un bateau sous-marin mu par l'électricité,
expérimenté en 1888.

M. Dupuy de Lôme, bien connu par ses travaux
sur l'aviation, avait conçu le plan d'un bateau sous-
marin, lorsque la mort vint enlever cet illustre
ingénieur à ses intéressants et utiles travaux.
M. Dupuy de Lôme avait dit à M. Zédé, directeur
de constructions navales en retraite : « Nous
allons reprendre l'étude du bateau sous-marin et
nous mettrons d'accord les torpilleurs et les cuirassés en les annulant tous les deux. » M. Zédé a
repris l'idée de M. Dupuy de Lôme en l'améliorant
et la perfectionnant en différents points.

Le *Gymnote* a été mis en construction sur les
cales de l'arsenal du Mourillon, près Toulon, le
20 avril 1887, sur les plans de M. Zédé, par M. l'in-

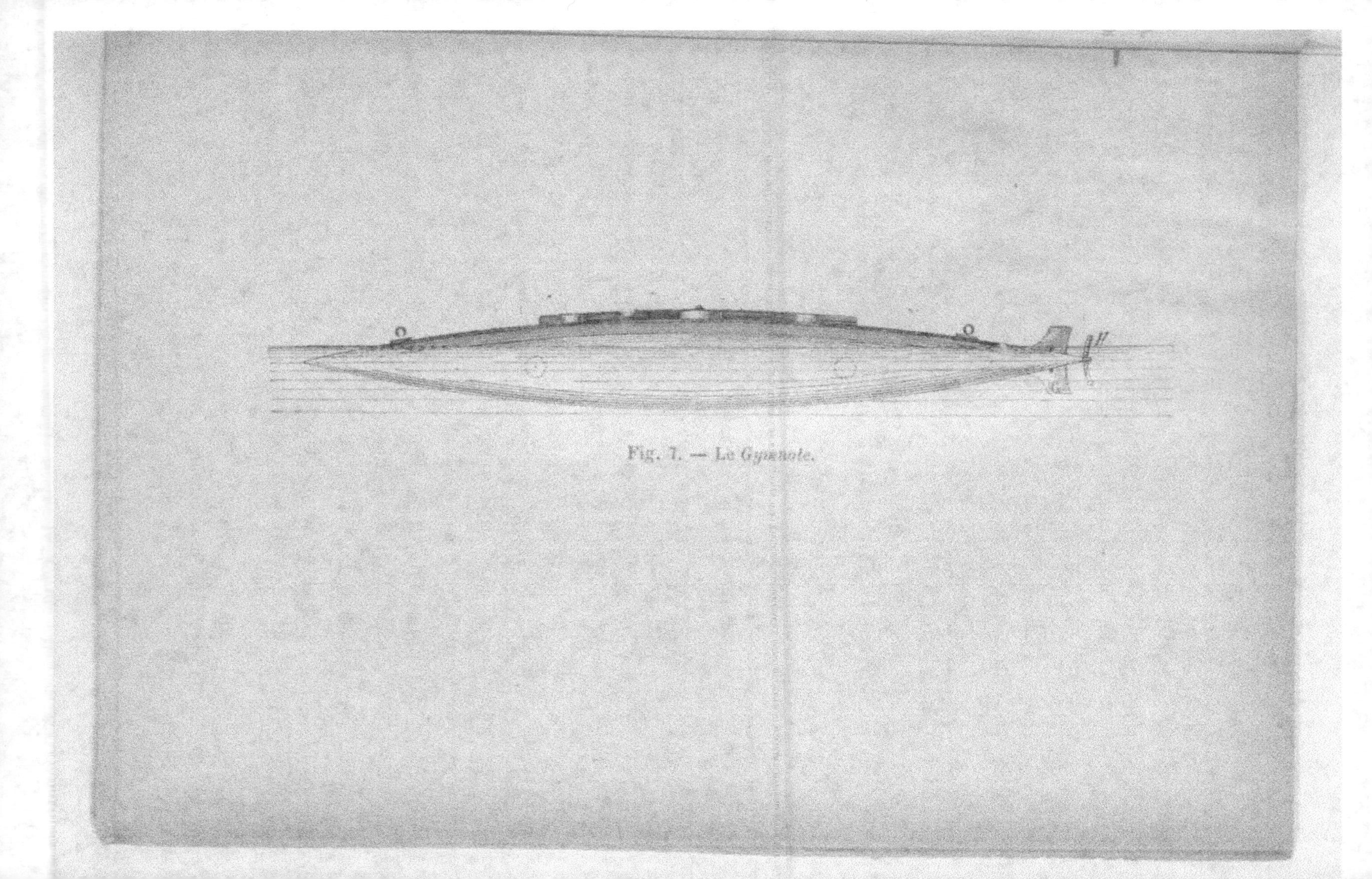
Fig. 7. — Le Gymnote.

génieur Romazzetti, sous-ingénieur de première classe de la marine.

Ce bateau a la forme d'un fuseau effilé de 17 mètres 20 de long sur 1 mètre 80 de diamètre au maître couple, juste la hauteur nécessaire pour se tenir debout dans son intérieur. Il a un déplacement d'eau égal à 30,000 kilogrammes. Le tirant d'eau du bateau est réglé au moyen de plaques de plomb placées sur chacun de ses côtés; il flotte en ne laissant apercevoir qu'une partie de sa longueur, cinq à six mètres environ. Au centre de cette partie se trouve une petite coupole de 35 centimètres de diamètre, percée d'ouvertures garnies de glaces, dans laquelle se tient assis le capitaine, pour diriger son bateau sur un point donné, descendre au fond de la mer, continuer sa marche, ou remonter à la surface, à sa volonté.

L'équipage qui le monte est composé d'un officier, deux mécaniciens et un manœuvrier.

La direction dans le sens horizontal s'opère au moyen d'un gouvernail ordinaire; celle dans le sens vertical s'obtient en actionnant un double gouvernail qui possède deux charnières adaptées aux côtés, dans la partie arrière du bateau. Suivant la direction et la position données à ce gouvernail, on fait monter ou descendre le *Gymnote* dans une direction oblique.

Le mouvement est donné par une hélice de 1 mètre 50 de diamètre actionnée par un moteur électrique dont nous allons parler ci-après, avec une vitesse de 9 à 10 nœuds à l'heure. Le bateau évolue comme un poisson en direction et en profondeur et se maintient avec précision à la profondeur voulue.

Le moteur électrique a été exécuté sur les plans du capitaine Krebs, directeur de l'école aérostatique de Meudon. Nous allons en donner la description complète d'après une communication de ce dernier à l'Académie des Sciences.

Ce moteur est à 16 pôles disposés symétriquement autour de l'anneau mobile. Celui-ci a 1 mètre de diamètre, il est muni d'un collecteur à 4 balais : 2 pour la marche avant et 2 pour la marche arrière. Son poids est de 2,000 kilogammes, son travail égal à 55 chevaux-vapeur et son courant de 200 ampères avec une différence de potentiel aux bornes de 192 volts.

Le courant électrique est fourni par une batterie de 564 accumulateurs à liquide alcalin, construits par MM. Commelin, Desmazures et Baillehache. Ils pèsent chacun 17 kil. 500, soit donc un poids total de 984 kilogrammes. Le courant est envoyé dans la machine par la totalité des accumulateurs, groupés de quatre façons différentes au moyen d'un appareil spécial permettant d'obtenir quatre vitesses par la manœuvre d'une seule manivelle :

1° Petite vitesse, comprenant 12 accumulateurs en surface et 47 en tension.

2° Moyenne vitesse, comprenant 8 accumulateurs en surface et 94 en tension.

3° Vitesse de route, comprenant 4 accumulateurs en surface et 141 en tension.

4° Grande vitesse, comprenant 2 accumulateurs en surface et 282 en tension.

La Commission du ministre de la Marine, chargée de recevoir la partie électrique du *Gymnote*, le 16 mars 1888, dans les ateliers de la Société des Forges et Chantiers de la Méditerranée, au Havre, a procédé aux essais suivants :

Les accumulateurs ont été chargés, en prenant le troisième groupement, par un courant de 100 ampères, nécessitant une force électro-motrice égale à 140 volts. La durée de la charge a été de 23 heures ; la force électro-motrice a varié de 135 (au commencement) à 144 volts (à la fin).

La capacité totale de chaque accumulateur résultant du poids de zinc contenu dans l'appareil est de 520 ampères-heures ; la charge en a fourni 575. Il faut dire que la batterie était neuve, il a fallu dépenser une certaine quantité d'électricité pour former le bioxyde de plomb ; c'est ce qui explique cette augmentation.

La décharge s'est opérée avec le quatrième groupement, en 4 heures 1/2, avec un travail, aux bornes de la machine, de 58 chevaux-vapeur pendant les trois premières heures (206 ampères et 208 volts), de 51 chevaux pendant la quatrième (200 ampères et 200 volts) et 47 chevaux à la fin des 4 heures 1/2 (190 ampères de 183 volts.) Mais une vingtaine d'accumulateurs s'étaient déchargés sur eux-mêmes par suite d'un isolement insuffisant. L'utilisation a donc été de 450/520 = 0,865 de la capacité totale des accumulateurs.

Le poids d'accumulateur (vase et liquide compris) est donc par cheval-heure recueilli de 37 kilogrammes.

La vitesse du moteur électrique est de 280 tours à la minute, avec un courant de 200 à 210 ampères et sa résistance de 0 ohm 16.

L'éclairage de l'intérieur du *Gymnote* est fait au

moyen de lampes à incandescence. On y respire à l'aise.

La submersion s'obtient au moyen de l'eau, en quantité variable, qui se loge dans des réservoirs spéciaux. Pour émerger on évacue cette eau au moyen de l'air comprimé qui se trouve dans un réservoir et qui sert en même temps à d'autres manœuvres.

L'essai du *Gymnote* a été fait à Toulon en 1888, avec cinq hommes d'équipage : M. Zédé, M. le capitaine Krebs, M. Romazzetti, M. Baudry de Lacantinerie, lieutenant de vaisseau, commandant le *Gymnote*, et M. Picon, chef-contre-maître qui a dirigé la construction du bateau. Il a donné des résultats assez satisfaisants. On a perfectionné plusieurs détails de cet intéressant bâtiment, et en 1889, on a procédé à de nouveaux essais qui ont pleinement réussi.

Pour ces nouveaux essais, il était monté par 4 hommes : MM. Romazzetti, Krebs, Baudry de Lacantinerie et un matelot.

Après avoir opéré une sortie préparatoire pour vérifier que tout fonctionnait bien à bord, et fait quelques plongées très satisfaisantes, le *Gymnote* rentra dans le port, où l'on chargea ses accumulateurs. Le surlendemain, à midi, il appareillait et fermait tout de suite hermétiquement le panneau d'accès à l'intérieur, panneau qui ne devait plus se rouvrir que quatre heures plus tard.

On avait fait choix, pour les expériences, de la partie de la petite rade de Toulon située entre la bouée de Saint-Mandrier et le bateau-feu. Là, la profondeur d'eau est suffisante et l'on ne risquait pas de rencontrer des bateaux. On disposait ainsi d'une base de 1,200 à 1,500 mètres qu'on se proposait de parcourir dans les deux sens. Le *Gymnote* était d'ailleurs accompagné par une chaloupe à vapeur qui avait l'ordre d'écarter les bateaux qui pourraient croiser la route.

Arrivé au lieu choisi pour ses essais, on disposa tout pour la plonge. Puis, quand on fut prêt, sur l'ordre du commandant, on mit en marche, en manœuvrant doucement le gouvernail horizontal. Le bateau s'inclina sur l'avant, s'enfonça petit à petit; bientôt on n'aperçut plus qu'un aileron et une portion de l'hélice hors de l'eau; puis tout disparut. On avait convenu à l'avance que l'on se tiendrait à 2ᵐ50 au-dessous de l'eau. On s'y maintint aisément avec des variations de 20 centimètres environ. Quant à la direction, le gyroscope la donnait avec une précision mathématique.

Le chemin parcouru était estimé par le nombre de tours de l'hélice, et l'on savait ainsi quand on était à l'extrémité de la passe. Le *Gymnote* revenait alors à la surface, contournait le but et recommençait sa plongée en sens inverse.

À deux heures trente, le Préfet maritime vint assister à l'expérience. Le *Gymnote* l'attendait à fleur d'eau. Dès qu'il aperçut la chaloupe à vapeur de l'amiral, il replongea et fit trois courses en prolongeant les parcours aussi loin que le permettaient les fonds de la rade. Il restait plus de dix minutes sans reparaître.

Un peu après quatre heures, le *Gymnote* rentrait dans le bassin Vauban, et l'air à l'intérieur était aussi facile à respirer qu'au départ. Il avait encore dans ses accumulateurs de l'électricité pour bien des heures.

## Le « Péral. »

Le *Péral* est un bateau sous-marin espagnol, construit dans l'arsenal de la Caraca, sur les plans de Don Isaac Péral, et lancé le 23 octobre 1887. Il

est de forme cylindrique et terminé par deux cônes,
très allongés. Il mesure 22 mètres de long et
2 mètres 87 dans sa plus grande largeur. Quand il
flotte à la surface de l'eau, il cale 0 mètre 90. Il est
pourvu de deux hélices actionnées par cinq moteurs électriques : deux de 30 chevaux chacun
pour la propulsion et trois de cinq chevaux chacun
pour le service intérieur, des pompes, du renou-
vellement de l'air... l'électricité est fournie par
600 accumulateurs. Il doit faire dix milles à
l'heure.

Il a été construit pour rester immergé pendant
2 jours sans renouveler sa provision d'air, mais,
nous nous hâterons d'ajouter que rien ne justifie
jusqu'à présent cette prétention.

Il est muni d'un tube lance-torpilles, d'un éperon
et d'appareils pour éclairer le fond de la mer.

Il monte et descend en restant dans la position
verticale.

Le *Péral* a été essayé en février 1889, mais au
moment de l'expérience, une hélice refusa tout à
coup de tourner ; il a été reconduit à l'arsenal pour
le réparer. Le 20 juillet, il sortait pour la seconde
fois et, s'il faut en croire la *Cronica general*, il obéis-
sait à son inventeur, comme un esclave à son

maître. En Espagne, on raconte merveille sur merveille sur ce bateau-poisson et chez eux il jouit d'une popularité aussi grande que chez nous la tour Eiffel. Le gouvernement, la presse, la foule, les souscriptions empressées, ont été unanimes à proclamer la grande découverte de don Isaac Péral et à montrer en perspective tous les avantages que l'on pouvait en tirer. Pour être juste, nous devons ajouter que les expériences entreprises ne paraissent pas avoir tout le succès attendu, ce qui explique cette brièveté sur le compte du *Péral*. Les expériences de vitesse sont loin d'être concluantes, car il est toujours arrivé quelque avarie pendant leur cours. Ce bateau est bien resté immergé pendant un quart d'heure, mais attaché au quai, de sorte qu'on ne sait rien de positif sur sa valeur comme *plongeur*, sur sa stabilité lorsqu'il nage entre deux eaux, chose de la plus haute importance, car un sous-marin n'est pas fait pour flotter exclusivement. Le *Gymnote* semble donc lui être bien supérieur.

### Le « Goubet. »

Le *Goubet* répond au difficile problème de la navigation sous-marine dans toutes ses exigences et sous toutes ses formes ; c'est le seul ayant actuellement donné des résultats entièrement satisfaisants comme perfection dans la manœuvre et aisance de l'équipage.

Le *Goubet* a la forme représentée figure 8. Il est coulé en bronze, d'un seul morceau ; il mesure 5$^m$,60 de long, 1$^m$,78 de hauteur et 1 mètre de largeur, et pèse, tout armé, 6,000 kilogrammes. Il est surmonté d'une coupole de 0$^m$,80 de diamètre, sur 0$^m$,40 de hauteur, munie de 6 hublots, pour permettre de voir ce qui se passe autour. La coupole est fermée par un couvercle à charnières, qui s'applique sur un joint en caoutchouc maintenu par un verrou à vis, qui assure la fermeture étanche. Une glace se trouve au centre du couvercle. Toutes les glaces des hublots sont protégées par des grillages.

La figure 9 montre la coupe du *Goubet* et indique la position des différents organes.

La force motrice est donnée par des accumula-

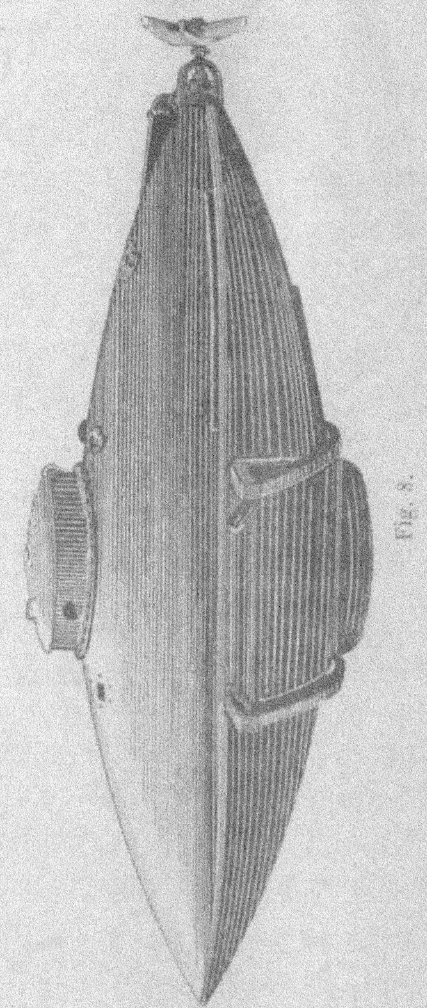

Fig. 8.

teurs placés à l'avant, en B; ils alimentent un moteur électrique placé à l'arrière, en C. Nous ne nous

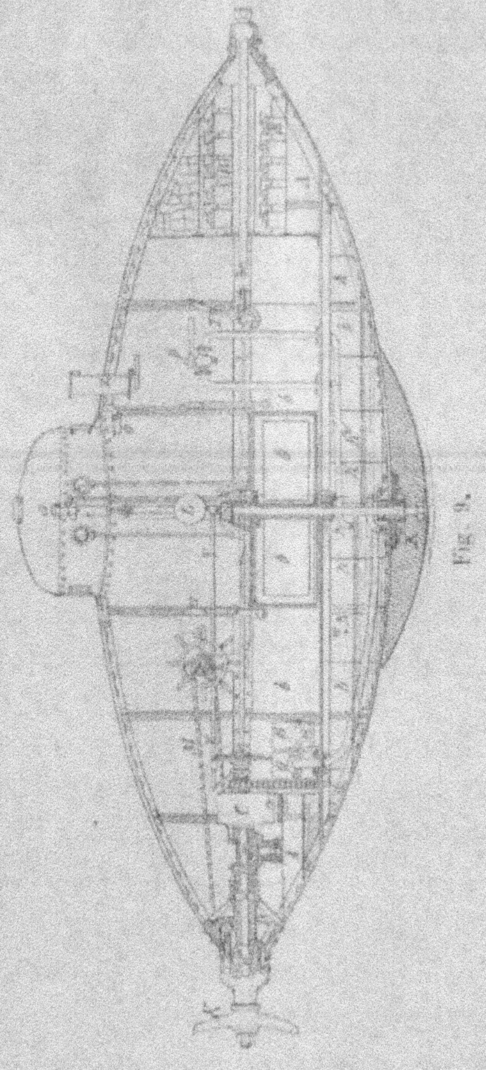

Fig. 9.

étendrons pas sur le moteur électrique; il est à peu près semblable à celui du *Gymnote*, sur lequel nous avons donné tous les détails nécessaires. Le moteur actionne directement l'arbre D de l'hélice K. La charge des accumulateurs suffit pour donner au bateau une vitesse de 9 à 10 kilomètres à l'heure, pendant dix ou douze heures.

Son hélice sert de gouvernail, et de ce fait, elle demande une description spéciale. La figure 10 représente le mécanisme de l'hélice en élévation, et la figure 11, le même mécanisme en plan. A est l'arbre qui commande l'hélice B; il est réuni à celle-ci au moyen d'un joint naturel C.

L'hélice pivote à droite ou à gauche sur des charnières D et F. La charnière D est dentée sur sa partie *a* et engrène avec la vis sans fin *b*, commandée par la roue à manette *m*, actionnée par le timonier, par l'intermédiaire du levier M (figure 9). Il est aisé de comprendre que lorsque la vis sans fin *b* tourne, elle entraîne la charnière D, et que celle-ci met en mouvement la charnière F et par suite l'hélice B, qui fait corps avec elle. En tournant plus ou moins la roue *m*, on incline plus ou moins l'hélice à droite ou à gauche.

Le levier *u*, placé à gauche du timonier, com-

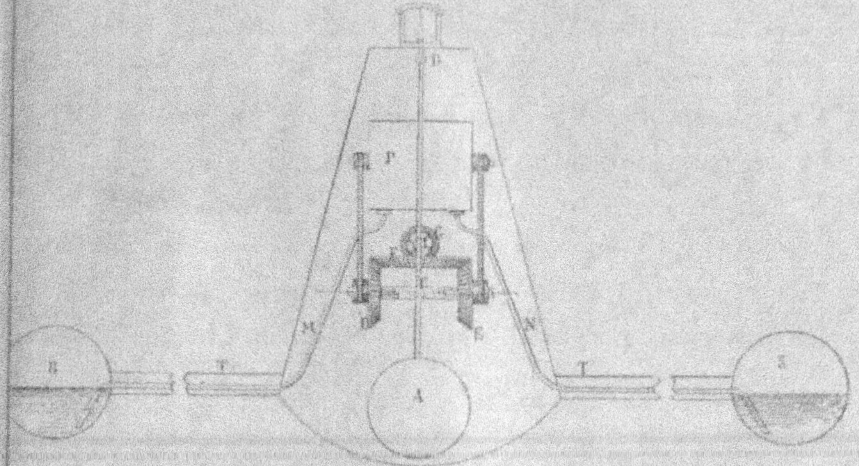

Fig. 10.

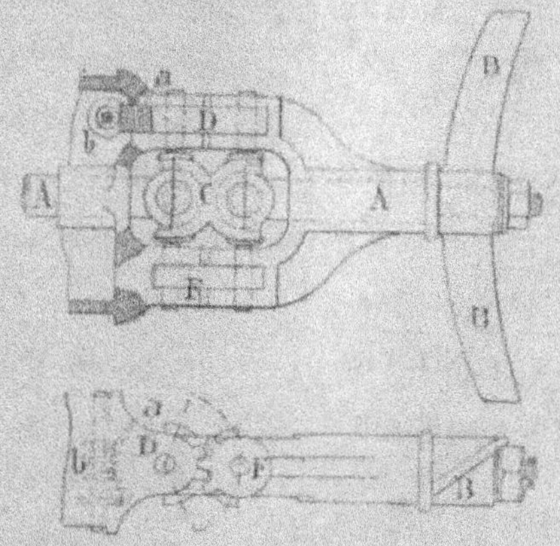

Fig. 11.

mande le moteur et permet d'en modérer ou d'en accélérer la vitesse, ou même l'arrêter complètement.

L'immersion se fait au moyen de l'eau de la mer, qu'on laisse entrer dans les réservoirs $hh$, disposés symétriquement et séparés par des cloisons. Ils ne communiquent entre eux que par de petits orifices, ce qui évite les brusques déplacements de poids dans les mouvements du navire. Le commandant règle l'introduction de l'eau au moyen du robinet P, qui se trouve devant lui; ce robinet est à trois voies, ce qui permet d'envoyer le liquide dans les compartiments d'avant, d'arrière ou du milieu. Pour remonter, cette eau doit être rejetée au dehors au moyen de la pompe $e$, placée à côté du moteur C, mise en action au moyen du levier $u$, placé à gauche de l'officier.

Voici, maintenant, comment s'obtient la stabilité dans le *Goubet*. La figure 10 indique les dispositions théoriques des appareils de stabilité. Un balancier A, mobile autour du point B, est fixé au manchon C portant les deux roues dentées D et E. Suivant que ce manchon est poussé à droite ou à gauche, la roue E ou D engrène avec la roue dentée F, qui reçoit sa commande du moteur par le pignon G. Une pompe à double effet P est actionnée par l'une ou par l'autre des roues d'angle D et E. Tout le système est enfermé dans une enveloppe et fixé sur le levier *tt*, suspendu librement par son milieu, et aux extrémités duquel se trouvent deux sphères R et S à moitié remplies d'eau. Cette disposition permet de maintenir le levier toujours en équilibre stable, supposons horizontalement. Si par une cause quelconque le levier TT venait à s'incliner de gauche à droite, le pendule A pencherait immédiatement de ce côté et ferait engrener la roue D avec la roue B, la pompe P refoulerait immédiatement l'eau de S en R par l'intermédiaire des tubes M et N, jusqu'à ce que l'équilibre soit rétabli, c'est-à-dire jusqu'à ce que le levier soit horizontal, et par suite le balancier A, lequel éloignera aussitôt la roue D de B et la pompe s'arrêtera. Supposons que le levier s'incline de droite à gauche, le pendule A fera engrener la roue dentée E avec la roue B, qui actionnera immédiatement la pompe P en sens contraire et refoulera l'eau de R en S.

L'équilibre stable ne s'obtient qu'après plusieurs balancements à droite ou à gauche.

En se reportant à la figure 9 du *Goubet,* on verra

en AA les deux caisses de stabilité, placées l'une
en avant et l'autre en arrière. Le balancier se
trouve en L, et, celui-ci suivant l'inclinaison du bateau, oscille à droite ou à gauche et agit sur une
tringle V, qui met en marche tantôt dans un sens
et tantôt dans l'autre, une pompe à double effet R
actionnée directement par le moteur électrique. La
pompe R fait passer l'eau des réservoirs AA de
l'un dans l'autre, suivant que le bateau incline en
avant ou en arrière. Cette ingénieuse disposition
assure une stabilité parfaite et à n'importe quelle
profondeur au *Goubet*.

Les deux réservoirs *bb*, qui servent de siège, renferment l'un de l'air sous la pression de 50 atmosphères, et l'autre de l'oxygène. Leur capacité est
de 50 litres. Si ces réservoirs ne renfermaient que
de l'air, la provision serait suffisante pour rester
huit heures sous l'eau. Mais, grâce à l'adjonction
de l'oxygène, que l'on prépare aujourd'hui en
grande quantité et à bon compte (0 fr. 30 le mètre
cube), la provision du principe vital est suffisante
pour rester 24 heures sous l'eau. L'oxygène est gé-
néralement laissé dans ses tubes de transport, dans
lesquels il se trouve comprimé à la pression de
120 atmosphères. Un robinet de forme spéciale le

laisse échapper en quantité mesurée. L'air est conduit dans les réservoirs *hh*, où il se sature d'humidité, et s'échappe par le tuyau *a* sous la coupole. L'air vicié est constamment expulsé par une pompe placée à l'arrière du bateau.

En *Z* se retrouve le tube optique dont nous avons parlé.

L'équipage, composé de deux hommes, peut y séjourner impunément pendant huit heures consécutives, sans éprouver la moindre indisposition. L'expérience a été faite à Cherbourg, le 1er mai 1889. Deux hommes, le scaphandrier Kieffer et un de ses camarades, Pral, ont été enfermés dans le *Goubet* et descendus à 6 mètres de profondeur, à 9 heures 15 minutes. Ils ont été remontés à 5 heures 15 minutes, absolument frais et dispos.

Voici comment le scaphandrier Kieffer rend compte de ses impressions de curieux stationnement sous les eaux :

« On nous a donc descendus à six mètres, profondeur constatée d'après nos manomètres.

*Première heure.* — La première heure a été prise à régler nos instruments, les tubes d'oxygène et les pompes.

Nous n'avions plus alors rien à faire qu'à donner un coup de piston de temps en temps.

*Deuxième heure.* — Nous avions emporté un jeu de cartes. Nous nous sommes mis à faire une partie de piquet.

*Troisième heure.* — L'oxygène nous avait rendus un peu gais. Nous venions de prendre un apéritif. Nous nous mîmes donc à déjeuner de très bon appétit. Nous avons dévoré des hors-d'œuvre, un poulet, un pâté de lièvre, deux bouteilles de Bordeaux, fromage, dessert, etc.

*Quatrième heure.* — Café! Nous avons bien du café dans une bouteille, mais il faut le faire chauffer. Mais comment? Nous avons une veilleuse allumée! On ne peut pourtant pas faire chauffer la bouteille...

— Allons, dis-je à mon compagnon, il reste quatre sardines dans la boîte. Nous allons en manger chacun deux et nous ferons chauffer notre café dans la boîte.

— Très bien trouvé.

Nous nous remettons à table.

*Cinquième heure.* — Nous finissons par faire chauffer notre café et nous le buvons. Nous l'avons bien gagné.

Nous nous remettons à jouer aux cartes, mais à chaque instant on nous dérange par le téléphone pour nous demander si nous sommes bien. Nous sommes joliment mieux que la commission qui reçoit des averses, tandis que nous sommes à l'abri avec six mètres d'eau sur la tête.

*Sixième heure.* — Le préfet maritime, M. Lespès, arrive.

*Par le téléphone.* — Êtes-vous bien là-dedans? dit-il.

*Réponse.* — Très bien, amiral!

— Allons, du courage!

*Septième heure.* — Nous nous mettons à contempler notre entourage, qui n'est que du *bouillon*, sauf quelques poissons qui passent par-ci, par-là.

Nous remarquons une embarcation qui passe au-dessus du bateau, et nous entendons très bien les limes grincer sur le bordage du *Cocyte*, à deux cents mètres de là. Nous avons également constaté que l'on entendait très bien tomber la pluie sur la surface de l'eau. Étant dans ces conditions d'immersion, on entendrait un bateau à vapeur marcher de très loin.

— Quatre heures et demie, fis-je à mon compagnon.

— Déjà ! répond-il ; le temps passe vraiment vite là-dedans.

*Huitième heure.* — Par le téléphone, le commandant président de la commission :

— Eh bien ! ça va-t-il toujours.

*Réponse.* — Très bien, commandant.

— Vous n'avez plus qu'une heure.

— Ça ne nous gêne guère.

*Un autre membre de la commission.* — Vous savez, si vous êtes gênés, il faut le dire.

*Réponse.* — Mais non ! nous sommes très-bien !

Encore un coup de sonnette ! Ils ne vont donc pas bientôt nous laisser tranquilles !

Cette fois, c'est M. Goubet.

— Encore une demi-heure, Kieffer.

*Réponse.* — L'affaire est faite.

Une famille de poissons qui passe. Nous les contemplons. Ding ! un coup de sonnette ! Zut alors ! sont-ils bassinants avec leur carillon !

— Vous n'avez plus qu'un quart d'heure !

— C'est bon, c'est bon ! Ça va bien !

... — Encore cinq minutes, dis-je à Pral, mon compagnon.

— C'est tout de même rigolo comme le temps passe vite.

— ding ! Un coup de sonnette...

*Le Président de la commission.* — Les huit heures
sont terminées. On va vous remonter. »

Le *Goubet* a évolué à Cherbourg, tantôt à 50 centimètres, tantôt à 1 mètre, tantôt à 6 mètres, à
10 mètres, voire même à 14 mètres de profondeur,
avec la même aisance et la même précision. Il a
pu supporter l'énorme pression de 300,000 kilogrammes sans se laisser pénétrer par le moindre
suintement d'humidité.

A la surface, comme à n'importe quelle profondeur, il est libre de ses mouvements, et peut parcourir 5 mètres à la seconde ou rester immobile.

Ecoutons M. Emile Gautier qui a été témoin des
expériences du *Goubet* et qui l'a monté à plusieurs
reprises.

« Ne croyez pas que ce soit une mauvaise plai-
santerie, un conte forgé à plaisir. La démonstration
en a été faite, plusieurs fois, devant les spécialistes
les plus autorisés, devant les juges les plus experts
et les plus exigeants. Le plus mince « mathurin »
du port de Cherbourg vous dira que, tous les jours
que Neptune donne, dans le bassin Napoléon, le
*Goubet* s'enfonce, au commandement, à 25 centimètres, 1 mètre, 3 mètres, 4 m. 75 au-dessous de

la surface, reste là dix, quinze, vingt minutes, puis remonte de 50 centimètres, redescend de 25, remonte de 2 mètres, etc., d'un bloc, sans lever le nez ni baisser la queue. Impossible de nier l'évidence, impossible de suspecter la moindre tricherie. C'est par le moyen d'un téléphone microphone spécial — dont le fil flottant est le seul lien qui relie l'équipage au monde où l'on respire — que les ordres sont transmis immédiatement, sans hésitation, sans anicroche; ils sont exécutés, comme il est facile de s'en rendre compte *de visu*, en lisant les oscillations de l'étiage sur l'échelle graduée en divisions régulières et multicolores d'un long mât de 6 mètres planté *ad hoc* sur l'échine de cet engin fantastique, qu'on jurerait vivant et conscient.

Je veux bien que ce soit invraisemblable... Le fait est que *jamais* on n'avait vu des êtres vivants pouvoir demeurer ainsi, sans s'en porter plus mal, plusieurs heures durant, sans la moindre communication avec l'extérieur. Le fait est que *jamais* aucun mobile immergé — un mobile qui, dans l'espèce, pèse 6,000 kilogrammes! — n'avait pu choisir ainsi sa place, en un point déterminé, entre deux eaux, et s'y tenir immobile et fixe, suspendu dans la masse fluide comme par une mystérieuse force infinitésimale, mais toute puissante, ni plus ni moins qu'un astre au sein de l'espace infini. C'est positivement invraisemblable; c'est presque le renversement — au moins en apparence — d'une loi physique... Soit! mais *cela est!* Tant pis pour les physiciens « vieux jeu »!

Il va de soi que le *Goubet* évolue aussi aisément dans le sens horizontal que dans le sens vertical. Il marche à droite, à gauche, en avant, en arrière, à angle droit, en rond, en zigzag, *ad libitum,* absolument comme un poisson, mais comme un poisson qui aurait le cerveau d'un homme, l'âme savante et subtile d'un mécanicien génial... Si vous le désirez, il s'en ira vous enrouler, par cinq, six ou douze mètres de fond, un câble ou une chaîne, à autant de tours que aurez eu la fantaisie de le désigner, autour d'une perche, d'une bouée, d'une pointe de roc, du battant du gouvernail ou des ailes de l'hélice d'un navire à l'ancre.

Et la manœuvre en est si simple, si facile à apprendre, que l'inventeur ne se donne même plus la peine de descendre en personne! Toutes les expériences ont été conduites par deux matelots quelconques, dressés en quelques heures, sans noviciat, sans entraînement, auxquels on se contente de donner au fur et à mesure, par téléphone, du rivage ou du navire convoyeur, les instructions nécessaires, dont ils ne perdent pas une syllabe. »

Le 1<sup>er</sup> février 1889, il est resté quatre heures sous l'eau successivement à 1 mètre et à 3 mètres 50 de profondeur, sans broncher. C'est ce qui le diffère essentiellement du *Gymnote* et de tous les bateaux sous-marins connus. Ceux-ci, pour rester immergés, doivent être constamment en mouvement, sans quoi ils viennent immédiatement flotter à la surface.

Il peut aussi fonctionner comme une chaloupe ordinaire avec toute la stabilité voulue et flotter comme une bouée. Dans cet état, il a pu supporter quatre hommes sur son dos sans vaciller malgré une mer houleuse.

Tout a été prévu dans cet admirable bateau. L'air respirable viendrait-il à manquer ? Une avarie quelconque viendrait-elle à se produire ? Il suffit, pour remonter d'un seul bond à la surface, de détacher le poids de 900 kilogrammes que le *Goubet* porte sous sa quille. L'expérience en a été faite involontairement le 27 novembre dernier. Le bateau était monté par MM. Goubet et Émile Gau-

thier et flottait à 6 mètres au-dessous de la surface
de l'eau, lorsque, à la suite d'une fausse manœuvre,
ils s'aperçurent que l'eau les envahissait. Ne pouvant plus remonter par le procédé ordinaire, ils
déclanchèrent le poids et furent aussitôt transpor-
tés à la surface.

Par une disposition spéciale, on peut, de l'intérieur, jeter dans la mer ce que l'on veut : signaux,
œufs de bois renfermant une dépêche, boîtes explosives, etc. M. Goubet étudie en ce moment une disposition de boussole pour que celle-ci ne soit pas
affolée par le voisinage des machines électriques,
ainsi qu'un jeu de miroirs permettant d'apercevoir les objets situés au-dessus de l'eau à une certaine distance.

Ajoutons encore à son avantage qu'on peut l'expé-
dier par voies ferrées de l'Océan à la Méditerranée
et de la Méditerranée dans la Manche comme un
vulgaire colis, et sans qu'il soit besoin d'en demander la permission à nos voisins. C'est ainsi qu'il fut
transporté d'Auteuil à Cherbourg.

Le *Goubet* porte à l'extrémité de sa proue une
barre d'acier glissant de dedans en dehors et terminée par une mâchoire en cisailles, destinée à
couper les fils des torpilles ou à tout autre usage.

On peut supposer cet engin destructeur placé en observation sur un point quelconque de la côte, surveillant l'horizon avec ses oculaires, signalant un cuirassé, un croiseur, bien longtemps avant de pouvoir être aperçu ; et aussitôt, disparaissant sous l'eau, il ira attaquer l'ennemi à l'abri de tous les canons-revolvers, il passera sous les filets Bulivant, il arrivera sous la quille des cuirassés : le capitaine fera jouer un appareil qui détachera de son bateau deux petites torpilles communiquant au bateau sous-marin par un fil électrique. Le bateau s'éloignera, et quand il sera à une distance suffisante, il déterminera l'explosion au moyen du fil électrique.

Le problème qui a passionné tant d'inventeurs et effrayé tant de peuples est enfin trouvé.

### Étude sur les bateaux sous-marins.


M. A. Ledieu a présenté, à l'Académie des Sciences, une note sur les bateaux sous-marins que nous croyons utile de résumer.

*Stabilité.* — Toutes les tentatives de bateaux sous-marins faites jusqu'à ces dernières années ont échoué plus ou moins misérablement. Dans les différentes combinaisons proposées, les échecs tenaient moins à des erreurs de principes qu'à l'insuccès de détails importants, que les immenses progrès de la mécanique navale permettent actuellement de réaliser sans mécompte.

*Le Plongeur* de l'amiral Bourgeois, essayé en 1863, présentait une solution du problème à grande échelle, rationnelle et en apparence complète. Le savant marin avait longuement étudié les conditions multiples de la navigabilité sous l'eau, à savoir : stabilité d'assiette latitudinale et longitudinale, stabilité de route aussi bien au-dessous de la mer qu'à la surface, stabilité d'immersion à diverses profondeurs, vitesse et rayon d'action appropriés au but militaire poursuivi, aération du navire submergé.

Les moyens de descente et de remontée comprenaient des réservoirs à eau d'une capacité de 50 mètres cubes, pouvant se remplir ou se vider plus ou moins complètement à l'aide d'un petit cheval. De son côté, la stabilité d'immersion devait s'obtenir au moyen des appareils suivants : 1° un cylindre vertical à piston, communiquant par le haut avec la mer et par le bas avec les réservoirs à air, et constituant un *régulateur de profondeur* ; 2° un gouvernail horizontal double placé à l'arrière du bâtiment ; 3° des hélices de suspension. Aux essais, la stabilité générale ainsi que les évolutions ne laissèrent rien à désirer ; le navire atteignit une moyenne de 4 nœuds, avec un rayon d'action d'environ 8 milles, et la force de la machine varia de 70 à 100 chevaux *indiqués*. Mais l'équilibre entre deux eaux ne put jamais être obtenu ni en repos, ni en marche ; le bateau ne faisait que monter ou descendre, sans qu'il fût possible de l'arrêter, pendant plus de quelques secondes, à une profondeur déterminée. Les divers appareils de stabilité d'immersion étant mus à bras manquaient de puissance, et en outre fonctionnaient trop par *à-coups*.

L'amiral Bourgeois avait bénéficié sur ses devanciers des progrès réalisés dans l'emploi de l'hélice et dans la fabrication des machines. Malheureusement on ne savait, à l'époque, confectionner des réservoirs en acier suffisamment légers, et des pompes à compression assez puissantes pour emmagasiner couramment de l'air à 100 atmosphères, et décupler ainsi l'énergie motrice propre à déterminer la marche du bâtiment et son rayon d'action et à desservir les appareils de stabilité et d'immersion.

On ignorait en outre le principe si fécond de *l'asservissement* des moteurs, que M. Joseph Farcot a le premier posé et mis en pratique dans toute son ampleur en 1868.

Sans l'emploi des *servo-moteurs*, il n'y a pas de stabilité d'immersion possible ; c'est là un point dont l'importance a longtemps échappé aux inventeurs de bateaux sous-marins. En d'autres termes, il faut que les divers organes qui concourent à la stabilité d'immersion soient asservis de façon à suivre docilement les mouvements de la main qui les commande.

Quant à ces organes eux-mêmes, ils doivent d'abord, pour les cas de repos ou de petite vitesse, comprendre des *pistons-régulateurs*, jouant dans des cylindres destinés à contenir de l'eau et à s'en vider, et placés partie vers l'avant du navire et partie vers l'arrière. A ce procédé fondamental, il importe d'adjoindre à la pompe du bateau un gouvernail horizontal double destiné, dès que la vitesse s'accentue, à diriger verticalement le navire, de même que le gouvernail vertical le guide horizontalement ; et, bien entendu, la mise en mouvement doit s'obtenir par une machine avec servomoteur.

Ce dernier mécanisme peut être avec avantage conduit automatiquement par un piston hydrostatique à diaphragme, en contact par une de ses faces avec l'eau ambiante, et contretenu sur sa seconde face par des ressorts antagonistes plus ou moins bandés, suivant la profondeur à atteindre. Ce piston ne saurait, comme la main de l'homme, modérer ou accélérer son effet sur le servo-moteur du gouvernail horizontal à mesure que le bateau s'éloigne ou se rapproche du plan d'immersion convenu ; et, abandonné à lui-même, il lancerait sans cesse le navire au-dessus ou au-dessous de ce plan par bonds plus ou moins désordonnés. Mais il y a moyen de l'accoupler à un lourd pendule servant de modérateur ou d'accélérateur de son action.

Par cet accouplement, la tige du piston s'articule avec une tringle dont le haut est relié au servo-moteur du gouvernail et dont le bas est articulé avec la tige du pendule. En balançant le pendule sans bouger le piston, la tringle oscille autour du point d'articulation. Au contraire, en mouvant le piston sans toucher le pendule, la tringle oscille autour de son point le plus bas.

D'après cela, les effets simultanés du piston et du pendule seront de même sens ou de sens contraire à bord du bateau sous-marin, suivant qu'il s'éloignera ou se rapprochera de son plan d'immersion, aussi bien proue en bas que proue en haut; et son centre de gravité décrira ainsi des lacets verticaux très aplatis et presque insensibles à très grande vitesse, en réalité un équilibre dynamique d'immersion très stable.

L'idée du piston hydrostatique a été mise en avant par M. Courbebaisse, un des ingénieurs attachés aux essais du plongeur de l'amiral Bourgeois. Mais l'invention du pendule régulateur est dû à M. Whitehead, de Fiume (Autriche); il l'a appliquée dès 1872 avec un éclatant succès à ses célèbres torpilles automobiles, et a été suivi en cela par M. Schwarzkapf en Allemagne et par les usines établies un peu partout pour confectionner ces engins. Toutefois, qu'on ne l'oublie pas, la combinaison si remarquablement ingénieuse de M. Whitehead serait demeurée stérile sans l'invention du servo-moteur de M. Farcot.

*Moteur.* — La force motrice appliquée aux navires sous-marins doit varier avec leur destination. L'usage de l'air comprimé semble tout naturel pour les bateaux de petites dimensions destinés à n'agir qu'à proximité d'un bâtiment ou d'un magasin de ravitaillement. Cependant, pour ces bateaux, l'emploi de l'eau surchauffée vers 195° (14 atmosphères) a été proposé de préférence, quoiqu'il présente un désavantage marqué comme poids et encombrement par *cheval-heure* (l'énergie totale embarquée étant mesurée suivant l'habitude actuelle avec cette unité ambiguë, qui n'est autre que 270 tonneaux-mètres). Ce choix tient à la difficulté de fonctionner avec de l'air comprimé à de très hautes tensions sans congeler les presse-étoupe et les matières lubrifiantes. Mais l'agent moteur qui tend à dominer pour les petits navires plongeurs et qui vient de faire brillamment ses preuves dans les essais du *Gymnote* à Toulon, c'est l'électricité fournie par des piles ou des accumulateurs actionnant des dynamos. Avec cette combinaison, le poids relatif à l'approvisionnement de l'énergie ne change pas pendant la marche; il est en outre bien inférieur par cheval-heure *électrique* au poids de l'eau surchauffée afférent au cheval-heure *indiqué*. Dans le cas d'accumulateurs des derniers types il vaut 37 kilogr. et ne diffère guère du poids correspondant à l'air comprimé à 100 atmosphères, dont il n'est même que la moitié avec les piles légères chlorochromiques de M. Renard; sans compter que les dynamos sont beaucoup moins lourdes que les autres machines motrices, au moins pour les petites puissances.

En ce qui concerne les bateaux sous-marins destinés à une certaine autonomie et à des parcours de quelque étendue, des dimensions comparativement élevées s'imposent pour la coque, en même temps que l'approvisionnement total d'énergie devient relativement considérable. Le poids de cet approvisionnement par cheval-heure avec les agents précédents cesse d'être pratique; il faut alors emprunter la force motrice principale directement à un combustible minéral alimentant une machine à vapeur très légère avec une consommation par cheval-heure ne dépassant pas aujourd'hui 1 kilogr. Cette combinaison est d'autant plus rationnelle qu'en somme la navigation sous mer n'est nécessaire qu'aux approches de l'ennemi, et que le reste du temps le navire peut naviguer à fleur d'eau.

La chaudière est en ce cas à très haute pression ; elle peut brûler du charbon de terre comme d'habitude, et ne fonctionner que pendant les émersions, remplissant subsidiairement des réservoirs d'eau surchauffée. Au moment des descentes, on clôt le foyer et la cheminée, et l'on marche avec les réservoirs.

Mais il est bien plus avantageux d'installer hardiment la chaudière de façon qu'elle continue à marcher sous l'eau en chambre close entretenue avec provision d'air comprimé, qu'il est facile de renouveler pendant les émersions. La tension à l'intérieur de la chambre doit être constamment maintenue supérieure à la pression d'immersion de façon que la cheminée, débouchant en dehors de cette chambre et terminée par une disposition spéciale, puisse toujours déverser à la mer les gaz de la combustion. Toutefois, en raison des tensions élevées corrélatives des grandes profondeurs,

les hommes sont obligés ici de se tenir à l'extérieur de la chaufferie. De là la nécessité d'avoir re-
cours, pour le combustible, au pétrole pulvérisé
dans un courant d'air par des jets de vapeur lan-
cés à travers de petites buses, le tout très facilement dirigeable à distance.

M. Chapman et MM. Brin frères ont proposé récemment (1888) un nouveau type de bateau sous-
marin dont la propulsion devait être effectuée par
la combustion d'un mélange d'oxygène et de pétrole pulvérisé, soit dans le cylindre d'un moteur
à vapeur, soit dans la chaudière d'une machine à
vapeur. L'oxygène étant comprimé à 80 atmosphères, on pouvait en emmagasiner une quantité
assez considérable sous un volume relativement
restreint.

M. Paul Baron, de Montpellier, a proposé de son
côté l'emploi d'un moteur à air carburé, qui don-
nerait à la fois à son bateau sous-marin une vie
indépendante et une grande sécurité.

Voici, d'après le *Sémaphore*, de Marseille, le fonctionnement du moteur qui n'est qu'à l'état de projet :

« Un réservoir contient 4,000 mètres cubes d'air
comprimé. L'air qui en sort se répand dans le navire et l'emplit d'une atmosphère pure à une douce

température. Le moteur à air comprimé, système Otto, absorbe automatiquement cet air, lorsqu'il est devenu impropre à la respiration et le mélange dans des cylindres avec de l'éther de pétrole, d'où résulte un produit détonant qui est enflammé par l'électricité. Le bateau sous-marin emporte 5,000 litres d'éther de pétrole. Comme il en sera employé seulement 30 litres par heure, pour produire la force de 50 chevaux-vapeurs nécessaires à la marche normale du navire, la provision durera 125 heures. Quant au réservoir d'air, qui se videra en 10 heures, il sera facile au bout de ce temps de remonter à la surface de l'eau pour le remplir : opération qui sera faite rapidement. »

*Vision.* — Si les questions de la stabilité et du moteur ont été résolues à peu près complètement de nos jours, il n'en est pas de même de la vision sous-marine. Il sera toujours difficile à un navire sous-marin de se diriger d'après ce qu'il est possible de distinguer à travers l'eau. Pour peu qu'il soit rapide, il ne pourrait pas s'arrêter devant un obstacle qui surgirait subitement dans le cercle restreint de la vision aquatique. Une fois immergé, le sous-marin ne peut se diriger que sur les directions prises avant de plonger.

On s'en rendra facilement compte par les extraits suivants d'une note présentée à l'Académie des Sciences le 27 mai 1890 par H. Fol : *Observations sur la vision sous-marine*.

L'éclairage du fond de la mer, tel qu'on le voit en descendant en scaphandre, vient uniquement d'en haut. Il ressemble à celui d'une salle sans fenêtres qui reçoit le jour par un vitrage occupant le milieu du plafond.

La cause de ce phénomène est facile à trouver. Il suffit de regarder en haut par la vitre frontale du casque. L'on voit alors un grand espace cirulaire lumineux, dont les limites sous-tendent dans l'œil de l'observateur un angle de 62°50 environ. Au-delà de ce cercle, la surface de l'eau paraît sombre et présente la même nuance que la mer vue de haut en bas depuis le bord d'un bateau. La limite entre la surface lumineuse et celle qui présente une réflexion totale n'est jamais régulière ; la moindre ondulation de la surface suffit à y introduire des échancrures et des enclaves qui s'étendent au loin lorsque la mer est agitée.

Les rayons du soleil sont pâles déjà à quelques mètres de profondeur. Ils se présentent sous forme de chatoiements mobiles produits par la réfraction à la surface des vagues. Dans un appartement situé sur le bord de l'eau et dont les persiennes sont closes, l'on peut voir, en regardant au plafond, un phénomène très analogue à celui que le scaphandrier voit sur le fond.

Au moment où le soleil descend vers l'horizon, le plongeur, qui se trouve à plus de 10 mètres de profondeur, voit subitement le crépuscule succéder au grand jour. Il m'est arrivé de remonter, dit M. Fol, croyant à l'arrivée de la nuit et, une fois sorti de l'eau, de me voir avec étonnement inondé par les rayons d'un soleil encore assez éloigné de son coucher. Cette diminution de l'éclairage, au moment où l'angle d'incidence des rayons solaires ne leur permet plus guère de pénétrer dans l'eau, est très brusque.

La couleur de l'eau de la Méditerranée, le long du littoral, varie beaucoup d'un jour à l'autre, suivant que les courants amènent l'eau pure du large où l'eau trouble de la côte. Vue horizontalement par la vitre du scaphandre, elle varie du vert-grisâtre au bleu-verdâtre. Les objets prennent tous un ton bleuté d'autant plus accentué que l'on descend plus bas. Déjà, à 25 ou 30 mètres, certains animaux d'un rouge sombre, tels que les *Muricea placomus*, paraissent noirs, tandis que les algues, colorées en vert ou en vert bleu, prennent des teintes qui paraissent plus claires par comparaison. En remontant rapidement à l'air, les yeux, accoutumés à cette lumière bleue, voient en rouge le paysage aérien.

Les rayons rouges sont donc éteints dans une proportion très sensible à une faible profondeur, tandis que les rayons bleus sont moins absorbés par l'eau.

Le degré de transparence de l'eau le long du littoral varie, de même que sa coloration, dans de larges proportions d'un jour à l'autre. Même lorsqu'elle est relativement claire, si le ciel est couvert l'on y voit si mal à 30 mètres de profondeur qu'il est bien difficile de récolter de petits animaux. Dans la direction horizontale, on ne peut pas, dans ces conditions, distinguer un rocher à plus de 7 ou 8 mètres de distance. Si le soleil brille et que l'eau soit exceptionnellement claire, l'on peut arriver à voir un objet brillant à 20 mètres, parfois même à 25 mètres. Mais, dans les conditions ordinaires, il faut se contenter de la moitié de ce chiffre.

La manœuvre des navires sous-marins dans une demi-obscurité sera toujours préjudiciable aux services que l'on pourra attendre d'eux et paralysera jusqu'à un certain point leur action utile. Mais, en mettant à leur avant une forte lampe électrique avec foyer, on pourra aisément voir à 50 ou 55 mètres. Cette distance est suffisante pour les services qu'on attend des bateaux sous-marins.

Voilà pour l'éclairage du milieu ambiant.

Etant sous l'eau, il faut aussi connaître ce qui se trouve à la surface et contrôler directement sa route. Dans le *Gymnote* on y est arrivé au moyen du périscope, et dans le *Goubet* au moyen du tube optique.

Le *périscope*, comme son nom l'indique, sert à donner au navire une vue sur tout l'horizon, c'est-à-dire permet à l'officier qui dirige le sous-marin de distinguer ce qui se passe dans un grand angle et de conduire selon les circonstances. L'appareil est composé d'un tube en bronze s'adaptant sur la lunette du bâtiment avec un mouvement de montée et de descente. A la partie supérieure du tube se trouve un prisme lenticulaire à réflexion totale, imaginé par le colonel Mangin. Les rayons lumineux, après leur réflexion dans le prisme, viennent converger en un point donné; ils sont reçus par une lentille principale dont le foyer coïncide avec

ce point : les rayons sont alors transformés en un
faisceau cylindrique vertical. A la partie inférieure
du tube, ils sont reçus par un miroir incliné à 45°
qui les projette horizontalement dans l'oculaire.
Un diaphragme, muni d'une petite languette
rayonnante et actionné par une vis tangente, permet d'intercepter la vue du plan vertical où se
trouve le soleil, en amenant la languette de manière à coïncider avec ce plan.

Le *tube optique* du *Goubet* ressemble au périscope.
Il se compose d'un tube passant à frottement dur à
travers la coque du navire. Aux deux extrémités
est enchâssé un prisme à réflexion totale; les
rayons lumineux pénétrant directement dans le
tube du haut par sa face normale à la ligne d'horizon, sont dirigés sur le second prisme qui les
envoie directement dans l'œil de l'observateur.

Voici comment on se sert du périscope ou du
tube optique :

Durant l'immersion, si l'on veut se renseigner
sur ce qui se passe à la surface, le conducteur remonte lentement à quelques centimètres au-dessous de la surface de l'eau et s'y maintient quelques instants. Nous devons ajouter que le *Goubet*
seul peut se maintenir dans une parfaite stabilité,

étant au repos, comme nous le verrons plus loin en décrivant cet ingénieux bateau. Dans cet état, on élève au-dessus de la surface liquide l'extrémité supérieure du tube, et le conducteur voit avec la plus grande netteté tout ce qui se trouve dans le champ visuel de son appareil. En faisant tourner le tube sur lui-même, grâce au collier mobile qui le supporte, il se rendra compte de ce qui se passe aux côtés et en arrière. La présence de l'extrémité du tube au-dessus de l'eau n'a aucun inconvénient, car il est presque impossible de le distinguer avec netteté, surtout avec les vagues ; on dirait un gros bouchon flottant. Lorsque le commandant a exactement repéré sa boussole sur le navire à attaquer, il retire le tube optique, l'enferme dans un petit capuchon pour le préserver des avaries, plonge à quelques mètres et se dirige vers le point visé. Sous l'eau, le bateau sous-marin se dirige comme un navire en pleine mer, la nuit, éclairé par les foyers lumineux placés à l'avant.

FIN

# TABLE DES MATIÈRES




ÉMILE COLIN. — IMPRIMERIE DE LAGNY.